CONFÉRENCE

SUR

LE VIGNOBLE DE L'ORLÉANAIS

Par M. le Docteur GUYOT

**Chargé par M. le Ministre de l'Agriculture de visiter les vignes
du Département du Loiret**

Et recueillie par les soins du Comice agricole de l'arrondissement l'Orléans

---

PRIX : 30 Centimes

ORLÉANS

IMPRIMERIE Georges MICHAU et Cie
9, Rue de la Vieille-Poterie, 9

1888

CONFÉRENCE

DU DOCTEUR GUYOT

sur

LE VIGNOBLE ORLÉANAIS

Cette conférence de M. le docteur Guyot, faite à la Mairie d'Orléans, quoique tenue sans aucune préparation, a été parfaitement remplie. Si les notes que le sténographe a recueillies laissaient quelques imperfections, il ne faudrait les attribuer qu'à la difficulté extrême de retenir des paroles qui parfois étaient accompagnées de démonstrations, en fait, sur des ceps de vigne ; mais nous sommes persuadés qu'elles n'en rappelleront pas moins aux viticulteurs de bons conseils qu'ils sauront bien mettre à profit.

M. le Docteur Guyot s'est exprimé ainsi :

MESSIEURS,

Dans ce que vient de vous dire M. le Président, il y a, comme dans tout ce qu'il dit et écrit, beaucoup de choses très justes ; mais je tiens à en rectifier quelques-unes qui ne le sont pas en ce qui concerne ma mission. Je ne suis pas chargé d'enseigner quoi que ce soit, mais d'étudier la viticulture, la vinification dans chaque localité, d'en faire des rapports qui sont imprimés et publiés par le Gouvernement, en

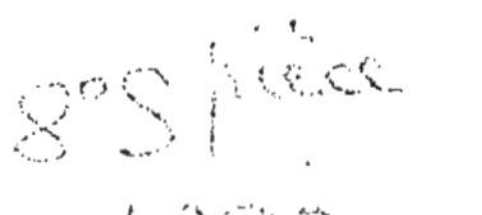

texte et en gravures, pouvant être envoyés dans chaque pays et former pour tous un enseignement utile, en faisant connaître à chacun ce que les autres font de mieux. Je n'irai pas plus loin avant d'adresser mes plus vifs remercîments à notre honorable président, M. Perrot, pour l'énergie, l'activité, la cordialité avec lesquelles il a aidé l'accomplissement de ma mission. M. le Président du Comice et M. le Président de la Commission permanente de viticulture, M. de Morogues, ont bien voulu m'accompagner, me diriger, me patroner partout dans l'arrondissement d'Orléans. M. le Président du Comice n'a pas borné là son activité et son bon vouloir ; il a écrit dans les autres arrondissements du département, en sorte que j'ai trouvé partout les traces de sa bienveillance.

Maintenant, permettez-moi de vous dire que la mission que j'ai à remplir diffère peu de celle d'un commissionnaire, d'un facteur de la poste aux lettres et ne consiste guère qu'à recueillir et à colporter des faits.

Cette mission se compose de trois périodes : l'enquête publique au milieu des propriétaires et des vignerons ; la visite aux vignes, aux vinées et aux caves ; la conférence qui comporte le résumé des pratiques locales, leur appréciation et leur critique, et enfin l'exposé des pratiques des autres contrées vignobles qui pourraient contribuer au progrès du pays.

Les deux premières périodes, l'enquête et la visite aux vignes, ont été accomplies depuis six jours dans le département ; aujourd'hui nous allons aborder la troisième dans une conférence générale au chef-lieu du département.

Mais, Messieurs, ne comptez point sur grand'chose dans cette troisième partie, c'est assurément la moins importante. L'essentiel, dans notre beau pays de France, c'est que les idées soient agitées, c'est que chacun ne reste pas dans une sorte d'immobilité. Quand les vérités se font jour, les hommes habiles de chaque pays les étudient, les modifient et en tirent le meilleur parti pour chaque localité. Il suffit donc de remuer les idées pour qu'il en sorte le progrès, voilà le côté le plus essentiel de ma mission.

La vigne, en France, joue un rôle des plus importants, et vous allez en juger. La vigne occupe environ deux millions deux cent cinquante mille hectares seulement sur toute la superficie de notre territoire, qui se compose de cinquante-quatre millions d'hectares, c'est-à-dire qu'elle occupe la vingt-deuxième partie du sol. Sur cette fraction du vingt-deuxième elle produit le quart du revenu total agricole de la

France, c'est-à-dire une valeur brute de quinze cents millions, le revenu total étant de six milliards, non compris la production animale. Non-seulement la vigne élève sa production à ce chiffre, mais encore elle nourrit de sa main-d'œuvre et de ses produits le sixième de la population totale de la France, c'est-à-dire six millions de paires de bras. La vigne soutient l'Etat de ses subsides spéciaux et elle a depuis longtemps contribué à fonder, par les octrois, la plupart des monuments de nos grandes villes ; partout elle a fait le mouvement social et le progrès, et en outre, dans les 76 départements où on la cultive, elle donne encore généralement à son propriétaire de 7 1/2 à 15 %, c'est-à-dire qu'elle dépasse de trois à quatre fois, en produit net, le produit de toute autre culture.

Comment comprendre qu'avec une pareille importance, la vigne n'a été l'objet d'aucun enseignement : chaque département la conduit à sa manière. Pour toutes les autres plantes, il y a un enseignement public, il y a des institutions considérables. Vous trouverez des encouragements officiels, de magnifiques instituts, des concours, des comices, des sociétés d'agriculture. Bref, tout est organisé pour porter à la connaissance de tous les procédés les plus complets et les plus exacts. Mais pour la production du vin, rien, absolument rien. Eh bien, Messieurs, le gouvernement actuel n'a pas voulu que cette lacune durât plus longtemps, et il a bien voulu jeter les yeux sur moi pour recueillir les documents qui doivent la faire disparaître. Certes, l'œuvre est difficile, mais le meilleur vouloir existe et l'intention du Gouvernement est qu'elle reçoive un développement complet.

Comment donc le vin se trouve-t-il aujourd'hui l'objet d'une attention plus spéciale ? C'est que les vérités scientifiques se montrent de jour en jour avec plus d'évidence. M. le Président vient de vous dire que le pain et la viande étaient la base de l'alimentation française et que le vin devait s'y joindre, c'est là une importante et grande vérité.

Le vin est la boisson sociale par excellence ; aucune autre boisson ne peut l'égaler dans ce sens. Le vin fortifie le corps ; il excite l'esprit ; il échauffe le cœur ; il donne l'activité et le contentement dans le travail ; il inspire le courage, le dévouement, la charité. Aucune autre boisson ne peut atteindre à ces résultats merveilleux.

Je n'entends point considérer le vin sous le rapport des satisfactions sensuelles ; il ne s'agit pas non plus d'excès de la consommation dans les cabarets ; c'est là la prostitution du vin : mais il s'agit du vin alimentaire, et partout où je parlerai du vin, ce sera toujours le vin alimentaire que j'aurai en vue. Le vin est un aliment qui s'associe à merveille au pain et à la viande et qui les supplée. Le vigneron qui est obligé d'aller à sa vigne sans emplir son baril, doit emporter deux et jusqu'à trois livres de pain ; il est lourd, il est triste et fatigué dans son labeur ; mais si, au contraire, il emporte son baril plein de vin, une livre et demie, deux livres au plus lui suffisent pour une alimentation parfaite dans sa journée ; il travaille alors avec énergie, avec intelligence et avec contentement ; c'est un homme transformé ; et vous le savez, Messieurs, bien souvent pour un travail difficile il suffit d'une bouteille et même d'un verre de vin pour que ce qui paraissait impossible on l'accomplisse avec succès. Cherchez une autre boisson qui amène de pareils résultats ; il n'y en a pas.

La bière, c'est plutôt un aliment qu'une boisson : elle donne tout ce que l'orge donne ; elle donne pour ainsi dire les allures et les idées de l'espèce bovine. J'ai assisté à un repas de bière en Angleterre, je puis vous l'affirmer, les ouvriers y arrivaient en causant ; mais au milieu du repas le silence le plus complet se faisait, et les convives s'en allaient un à un et sans bruit ; et moi demandant pourquoi ils s'en allaient ainsi sans aucune conversation animée, leur maître me répondit : ils sont allés ruminer leur bière, c'est-à-dire qu'ils sont allés digérer un aliment sain, mais qui ne réchauffe pas le cœur et n'élève pas l'intelligence.

Ainsi donc, Messieurs, aucune boisson ne peut arriver à la hauteur du vin ; cet excellent breuvage, le Christianisme en a consacré l'usage plus qu'aucune religion, et les peuples les plus civilisés sont ceux qui l'ont adopté comme boisson alimentaire et en font en famille un usage habituel.

Ce n'est pas seulement sous le point de vue alimentaire que le produit de la vigne offre un intérêt si grand. La vigne est pour ainsi dire le commanditaire de l'agriculture ; elle donne les avances, elle augmente le revenu. Partout, dans les métairies où la vigne se trouve annexée, le métayer est dans l'aisance: M. *de Bressolle*, dans le département de l'Allier, a loué il y a quelque temps toutes ses métairies ; un certain nombre n'avaient point de vignes, un plus grand nombre possédaient un hectare et demi de vigne sur une moyenne de sept hectares. Eh bien, Messieurs, ces locations ont été portées en moyenne à 125 fr. l'hectare partout où il y avait des vignes, et jamais on n'a pu atteindre 65 fr. par hectare partout où les vignes manquaient ; et cependant les métairies sans vignes sont placées là où la culture des blés, des racines, des fourrages, est la plus favorable.

J'ai vu à Vesoul un fait que je veux vous citer ici, pour vous montrer que la vigne est l'amie et le soutien de l'agriculture ; à Vesoul, le président de la Société agricole a réuni plusieurs petites métairies qu'il a fondues dans une exploitation de 80 hectares ; il me disait : « Après bien des efforts, et après avoir employé les moyens les plus énergiques, les plus conformes à la science, j'arrive à tirer 4 à 5 mille francs nets de cette grande superficie de terre, et ici, dans un coin, j'ai laissé cette métairie de 5 hectares, et vous allez voir qu'il y a là dix personnes vivant dans une aisance parfaite, faisant des économies, tout en payant près de mille francs de fermage. Si j'avais mis mes 80 hectares en métairies de 5 hectares chacune, j'aurais aujourd'hui 12 à 15 mille francs de revenu au lieu de 4. » Ce contraste s'explique facilement : Dans cette métairie, il y a un hectare et demi de vigne qui donne 40 hectolitres à l'hectare, ce qui fait 60 hectolitres. Le vin vaut ici, jusqu'à présent, 30 francs en moyenne l'hectolitre. Voilà donc 1,800 francs retirés de cette vigne. Sur 1,800 francs le métayer donne 1,000 francs au propriétaire, et il reste 800 francs pour commanditer la propriété qu'il a louée. Supprimez la vigne, et le métayer ne peut pas payer plus de cent écus sans mourir de faim.

La vigne a donc été et continue d'être l'arbrisseau essentiellement colonisateur de la France, le commanditaire de son agriculture, son arbrisseau essentiel, sa canne à sucre, son cotonnier.

Depuis le nord jusqu'au Midi, il n'y a que le vin qui puisse être un objet de commerce de premier ordre avec tout l'univers ; car la France a pour ainsi dire le monopole des vins alimentaires. C'est le seul pays qui produise du vin de consommation directe. En Espagne, en Italie, les vins sont trop alcooliques, ce sont des vins de liqueurs, des vins de petits verres ; mais les vins qui se consomment directement et à grands verres ne se recueillent, pour ainsi dire, qu'en France et dans une limite qui s'étend jusqu'à l'extrême nord, il est vrai ; mais déjà notre extrême midi donne des vins trop généreux et trop brûlants pour être consommés largement pendant les repas.

Jamais le Bordelais, jamais la Bourgogne et le Beaujolais, l'Anjou, la Touraine ne sont remplacés par les vins des pays chauds. Nous avons ce prrvilège-là, c'est un véritable monopole, et, par conséquent, nous devons en profiter. Nos vignes peuvent donc s'étendre avec sécurité et augmenter leurs produits.

La consommation moyenne en augmente chaque année, bien que les prix soient beaucoup plus élevés qu'ils n'ont été de 1820 à 1856, et, d'autre part, lorsque l'étranger aura connu quelles sont les véritables propriétés de nos vins, la consommation en augmentera encore considérablement.

Ne remarquez-vous pas que, depuis 30 années, on a fait des efforts bien dirigés pour engraisser plus vite le bétail ; que, cependant, le prix de la viande a doublé. C'est-à-dire que l'usage de la viande a été tellement bienfaisant que les populations ont jugé qu'il était encore plus avantageux de la payer plus cher et de se bien nourrir. Vous savez aussi que le traité de commerce a ouvert une porte à travers laquelle on ne passe pas encore beaucoup ; mais ce n'est pas en un jour qu'on arrive à constater les avantages d'une boisson hygiénique ; 'achèvement des chemins de fer, le complet achèvement des routes, permettront à tous les pays de livrer rapidement leurs produits à la circulation : il n'y a donc plus à craindre l'avilissement du prix qui succédait à des récoltes trop abondantes.

Après ces généralités, je jetterai un rapide coup-d'œil sur le rôle du département du Loiret dans la viticulture.

Je ne vous apprendrai pas que l'Orléanais est connu de temps immémorial pour la production d'un vin très-propre à l'alimentation et ayant une réputation qui le classe, non pas dans les premiers crûs, mais cependant dans les bons vins ordinaires de table.

Le parcours que je viens de faire dans les arrondissements et particulièrement dans l'arrondissement d'Orléans, m'a confirmé que l'Orléanais produisait un vin des plus salutaires et des plus acceptables dans une bonne consommation. Ces vins, s'ils ne sont pas capiteux, sont suaves, veloutés et se laissent boire avec agrément ; véritablement ce sont des vins très agréables, quelques-uns même sont fins et distingués.

Le département du Loiret, Messieurs, contient une superficie de vignes très importante. Il est classé très haut dans la hiérarchie des départements, et les trente-cinq mille hectares qu'il possède sont une richesse considérable. Vous savez que les vignerons étaient autrefois dans une position peu satisfaisante, mais que, dans ces derniers temps quoique leurs récoltes n'aient pas été très-abondantes, beaucoup ont acquis une position meilleure et qu'ils paient tous à de hauts prix, avec une facilité extrême, des immeubles appartenant à la grande culture. Je regarde cette situation comme le complément des vérités que je proclame, à savoir que la vigne est l'arbrisseau commanditaire de l'agriculture. Ils cultivent aujourd'hui simultanément la vigne, les prairies et le blé, et grâce à cette rotation intelligente, ils ne se trouvent jamais pris au dépourvu. N'ayant pu revoir les notes nombreuses prises sur mes carnets, il me serait difficile de décrire en détail toutes les cultures qui ont lieu dans le département. Cependant, j'essaierai de me rappeler les principales différences des modes de culture adoptés afin d'arriver à vous présenter quelques observations à cet égard.

D'abord, je vous dirai que la culture adoptée dans ce département m'a d'autant plus satisfait, qu'elle se rapproche essentiellement de celle que j'ai appliquée moi-même et de celle que j'ai recommandée partout, c'est-à-dire qu'elle se compose de pousses ou coursons, sarments taillés à un, deux ou trois yeux pour avoir de bon bois de remplacements et de demi-viettes et viettes de six à douze yeux, sarments laissés longs à la taille pour assurer la production des fruits. Je n'ai point eu d'autre mérite dans ma pratique particulière que d'observer ces deux points-là.

Maintenant, dans ce département, se livre-t-on à toutes les pratiques de détail propres à obtenir toutes et les meilleures conséquences de ces deux principes? Peut-être y a-t-il quelque chose et même beaucoup à faire dans ce sens-là.

Dans certaines localités, les longs bois sont placés horizontalement après avoir subi une petite courbure, ou bien les viettes sont courbées en arc, et c'est particuliérement de l'autre côté de la Loire ; les viettes sont tantôt doublés, horizontalement déposées, tantôt doubles disposées également en cercle, tantôt il y a deux ou trois coursons sur les souches, tantôt moins. Le point principal sur lequel j'appellerai votre attention, c'est que, dans quelques parties de l'arrondissement d'Orléans, il y a des coursons de retour pour rabattre la viette et l'empêcher de monter trop haut ; dans d'autres, on prend viettes sur viettes, et les membres du cep subissent ainsi un allongement extraordinaire qui transporte parfois la production à plus de deux métres de la souche. Outre ces pratiques dont je n'analyse pas les effets, il y en a encore d'autres. Ainsi à Châteauneuf, on a parfaitement distingué les ceps qui doivent être taillés à long bois et ceux qui doivent être tenus à courts bois. Cette distinction a été faite dans un certain nombre de départements, et cependant elle n'est encore observée que dans un petit nombre de centres de vignobles. Quant à la direction de la taille sèche ou d'hiver, il y a donc de grands éléments de succès dans ce département.

Mais pour ce qui est du traitement des bourgeons verts, il laisse beaucoup à désirer : dans plusieurs localités, on ne pratique pas l'ébourgeonnage ou on le pratique trop tard et sans principes Dans beaucoup d'excellents vignobles, on regarde le fait de la suppression des bourgeons inutiles ou nuisibles ne portant pas fruit ou ne devant pas servir à la taille suivante, comme étant une des conditions indispensables d'une bonne viticulture : autrefois, ici même, on pratiquait l'ébourgeonnement avec soin ; aujourd'hui, il paraît qu'on le néglige ou qu'on le supprime tout-à-fait ; c'est une grande cause de diminution des récoltes et d'affaiblissement de la végétation. Les pampres étant relevés, on opère le rognage de leurs extrémités au-dessus des échalas ; cela se fait ici, mais beaucoup trop tard, vers la fin de juillet et, généralement, le rognage n'est pratiqué que pour procurer du fourrage au bétail, et ce sont les femmes qui en fixent l'époque.

Il y a là une négligence et un abandon des principes dont vous verrez tout-à-l'heure l'importance.

Une opération qui fait la fortune de plusieurs départements, et qui s'appelle le *pincement*, est maintenant méconnue ou plutôt n'a jamais été pratiquée dans le Loiret. Nous avons dit que l'ébourgeonnage consistait à ôter les bourgeons ne portant pas fruit : après cet ébourgeonnage, qui doit se faire du 10 au 20 mai, dans les quatre départements de la Lorraine, les vignerons jettent un second coup d'œil sur le cep, et à tous les bourgeons qui portent fruit et ne doivent pas servir de sarments de taille, ils comptent deux feuilles au-dessus de la plus haute grappe, et suppriment toute la partie excédante. Tous les vignerons des quatre départements lorrains opèrent de même et augmentent ainsi énormément leur production. Le pincement consiste donc à empêcher la sève de continuer à former du bois ; la sève ainsi tendue, entre dans la queue du fruit, l'empêche de couler et le fruit est prémuni de la coulure dont il était menacé. Ainsi, la Lorraine plus humide et plus froide, grâce à ce pincement, arrive à fixer ses raisins et à empêcher la coulure, ce qui lui assure un rendement moyen de 60 hectolitres à l'hectare : non-seulement, le pincement empêche la coulure, mais il force le bois à s'accroître autre part que sur les bourgeons à fruits ; par le pincement, les vignerons lorrains forcent le bois à sortir à peu près là où ils veulent. Tout à l'heure, j'insisterai sur ce point.

Les cultures dans ce pays-ci sont généralement faites comme je vais l'indiquer. C'est-à-dire qu'après la vendange, les sentiers sont ratissés, les terres sont jetées sur la pouée : au printemps, après la taille, on pioche l'intervalle des ceps, c'est-à-dire le billon ou la pouée ; et plus tard, on fait un binage général pour enlever les herbes ; rarement, on arrive à une dernière culture qui est un second binage et qui nettoie à nouveau le sol. Dans ces opérations, il n'y a rien qui ne soit parfaitement convenable, si ce n'est que dans certains pays on *marre* ou on *pioche* la terre à dix pouces et même à un pied. Eh bien, Messieurs, je dois dire ici que l'expérience a prouvé que tout ce qui dérangeait la racine du cep en végétation diminuait la fécondité, et n'offrait point d'avantage.

Dans l'arrondissement, on ne cultive habituellement qu'à huit ou dix'centimètres, et c'est bien ; mais j'ai vu dans le Gers, dans la Haute-Garonne, et dans plusieurs autres départements, des cultures qui dérangeaient profondément les racines et déterminaient une stérilité relative, c'est-à-dire des produits de 12 à 15 hectolitres à l'hectare dans d'excellentes terres

Beaucoup de vignes, dans le Midi, sont de temps immémorial cultivées à la charrue, et ce sont les bouviers qui ont amené les coutumes des chaussages et des déchaussages. Ils labourent le long des rangs de ceps à vingt ou à trente centimètres, et le versoir forme ainsi un billon au milieu, par l'aller et le retour, et c'est là la première culture de printemps (mars) ; pour la seconde culture (en mai), ils refendent le billon en deux et rechaussent ainsi les ceps de 20 à 30 centimètres.

Cette culture entraîne une espèce de dépérissement comme celui des arbres fruitiers dans les prairies fauchées ; quand on fauche les prairies, les arbres subissent un état maladif, qui tient à ce que l'enlèvement des herbes change l'état des racines. Au contraire, dans les prairies pâturées, dans celles dont l'état ne change pas brusquement au mois de juin, par l'enlèvement de la fraîcheur où elle est le plus nécessaire, les arbres fruitiers viennent parfaitement. La vigne, quand la terre diminue d'épaisseur sur les racines, est souffrante comme une personne qui s'enrhumerait pour avoir ôté un vêtement habituel, et quand l'épaisseur de la terre est tout-à-coup doublée, les racines souffrent également dans un autre sens.

Des expériences précises et soutenues ont prouvé d'une façon absolue que les cultures à plat, si les sols sont perméables, ou en billons fixes, si les sols tiennent l'eau, sont bien préférables, pour la vigne, au cultures profondes et à surfaces mouvantes.

Dans la Charente-Inférieure, M. Bouscasse se livre à des expériences depuis quatre ans pour étudier les différences de la culture à plat avec la culture à billon. Eh bien ! depuis quatre ans, il a pris des moyens très-simples, il pèse tous les ans les bois et les fruits produits. Ce sont les élèves de l'école qui soignent 20 ares à plat, et 20 ares en billon à la mode du pays. Les bois et les fruits produits ont donné, chaque année, un résultat plus que double dans les cultures à plat. Sans y mettre tant de précision, l'avantage a été de même dans le Gers, dans la Haute-Garonne, et partout où la culture a été tranformée, en faveur des cultures à plat et superficielles.

La vigne exige qu'aucune herbe ne soit sur pieds et aucun arbre sur sa tête. Or, les binages superficiels et fréquents sont meilleurs qu'un bêchage profond et que toutes les lectures profondes pour détruire les herbes, le chiendent excepté.

J'ai vu dans certaines localités le sol des vignes entièrement couvert de lames schisteuses ; on va chercher jusqu'à mille et douze cents tombereaux par hectare de lames schisteuses à la montagne voisine ; ce sont les femmes qui étalent les lames avec soin ; pendant quinze ans les vignes acquièrent une fertilité extraordinaire sous cette protection.

Il sera donc avantageux de bîner la surface à très-petite profondeur, en laissant les racines dans la même situation.

Maintenant, si nous passons à d'autres pratiques, je vous dirai que j'ai vu avec un plaisir infini que les boutures, dans la coutume de l'arrondissement d'Orléans, devaient être coupées au mois de novembre. C'est là un procédé excellent que j'ai rarement observé dans les autres départements. On a constaté également qu'il convenait d'enterrer les boutures à une grande profondeur sous le sol, pour y passer tout l'hiver et une partie du printemps à l'état de strafication.

M. le Président m'a remis un ouvrage d'un chanoine d'Orléans qui conseille, en effet, d'enfouir dans une fosse les boutures dès le mois de novembre, pour les en tirer et les planter seulement dans le courant de mai. Les Deux-Charentes sont peut-être les seuls départements qui procèdent à peu près comme le Loiret.

Voilà trois conditions qui, là ou elles sont appliquées convenablement, donnent les résultats les plus avantageux. J'ai donc été charmé de les voir posées à l'état de lois dans ce pays-ci, et mieux encore de les voir pratiquées.

Messieurs, si je passe des moyens de viticulture aux moyens de vinification, je trouve qu'on a approché aussi près que possible des pratiques les plus admises et les plus près de la perfection dans les grands vignobles de France. Là cependant, j'aurais à présenter quelques observations sur certains détails, sur quelques pratiques qui diminuent les chances d'altération du vin.

Généralement, la vendange se fait comme partout ailleurs ; on recueille le raisin dans des paniers, des hottes ; puis on le verse dans des gueule-bées, on le conduit à la vinée et on le foule à la cuve. Les cuves sont emplies généralement un peu trop ; lorsque le marc est monté il dépasse la cuve, ce qui expose à un certain danger ; on attend que la fermentation baisse, puis on foule et quelquefois deux fois par jour.

Enfin, après six jours dans les années chaudes, huit à douze jours dans d'autres localités du département, et dix à quinze jours dans les années froides, on tire le vin ; quelques-uns et peut-être un trop grand nombre désirent tirer le vin *clair et froid*, tandis que dans les grands vignobles, dans la Côte-d'Or, par exemple, on veut toujours tirer le vin *trouble et chaud*. Je vous dirai tout à l'heure quelle est l'importance de de cette distinction. Généralement, la distance de six jours ne permet pas d'obtenir le vin clair et froid,

Il y a même des localités où le vin est tiré après 48 heures.

Les pratiques sont donc ici partagées, mais en général elles ne s'éloignent pas beaucoup de la meilleure manière de faire le vin ; cependant, permettez-moi de traiter immédiatement ce sujet, et nous parlerons tout à l'heure des procédés de taille de la vigne.

Dans la vinification, il n'y a qu'un but à se proposer : c'est de transformer le plus rapidement possible le sucre en esprit ; c'est la fermentation rapide, par conséquent, que l'on cherche par la mise en cuve. Cependant, des personnes ont voulu prolonger la cuvaison, et faire, pour ainsi dire, une macération de substances étrangères, de la rafle, de la pellicule, des pépins. Le vin, c'est la transformation du sucre en spiritueux ; tel est le véritable but ou du moins la véritable confection du vin. Or, le contact des pépins, des pellicules, des rafles ne peut être qu'un accessoire, mais il a une très grande importance : la rafle donne du tannin, la pellicule donne la couleur ; c'est pour donner une certaine âpreté au vin et pour avoir cette couleur qu'on prolonge souvent au-delà du temps voulu la fermentation du vin.

Dans ce pays-ci, l'excès est très rare ; la cuvaison ne se prolonge pas au-delà d'un temps raisonnable.

Eh bien ! voyons quels sont les trois résultats qu'on cherche par la prolongation de la cuvaison.

On prétend 1º donner la force au vin ; 2º d'augmenter sa couleur ; 3º d'augmenter sa conservation.

- Reprenons chacune de ces données, et vous verrez s'il est vrai que cette prolongation donne de la force, donne de la couleur, donne de la durée au vin.

D'abord, je dois dire que je vais prendre mes exemples dans les vignobles qui jouissent de la considération la plus méritée et qui fournissent les vins les plus estimés. C'est-à-dire le Beaujolais et la Côte-d'Or qui donnent les vins les plus généreux et les plus recherchés, le Médoc qui fournit les vins qui ont acquis le plus haut prix dans le monde entier. Ces trois vignobles sont parfaitement d'accord dans leurs pratiques ; c'est-à-dire qu'ils emplissent la cuve avec le plus de rapidité possible ; qu'ils laissent au-dessus du marc un vide de 15 centimètres environ le marc étant monté, où l'acide carbonique reste en couche et préserve le marc du contact de l'air qui peut acidifier le vin et donner naissance à des myriades de moucherons.

Dans le Beaujolais, la cuvaison dure de quatre à six jours, et dans certaines contrées de ce pays, de trois à quatre jours dans les années chaudes et de sept à huit dans les années les plus froides. A Clos-Vougeot, à Chambertin, à Pomard, de quatre à six jours et six à huit dans les années froides. Dans le Médoc, la fermentation dure quatre à six jours en bonne année et six à huit jours dans les années froides.

Ces trois pays sont donc bien d'accord. Ils donnent les vins les plus colorés naturellement, les plus durables et les plus généreux, et tous trois emplissent les cuves de façon à laisser un vide quand le marc sera monté. Le Beaujolais ne foule ni dans la cuve, ni hors de la cuve : aussitôt que le marc commence à descendre et que le grand bouillon commence à diminuer, la cuve est tirée, le marc est porté au pressoir et les *vins de presse* sont répartis également, avec un grand scrupule, dans les *vins de goutte*.

Dans la Côte-d'Or, où les vins les plus fins ont autrefois attiré l'attention des corporations religieuses, on a fait de grandes dépenses pour organiser admirablement la vinification ; à Clos-Vougeot, à Citeaux, vous verrez que tout est organisé avec un soin parfait. Eh bien, là, quand le marc descend et quand le grand bouillon cesse de se faire entendre, le vin est tiré, le marc porté au pressoir, et les jus *de presse* sont répartis avec soin dans les *vins de goutte*.

Dans le Médoc, où les vins ont une valeur peut-être exagérée, ce qui pourrait provenir en partie de l'habileté des propriétaires qui sont négociants et qui ont des rapports avec le monde entier, la Gironde, dans son Médoc dont elle respecte le plan et le vin, la Gironde procède comme la Bourgogne et le Beaujolais, sauf une différence que je veux vous signaler. La vendange est égrappée et foulée, les grains sont recueillis, et les pépins, les pellicules et le jus sont mis en cuve sans la râfle ; les cuves sont remplies avec un vide au-dessus ; la cuvaison dure de cinq à six jours ordinairement et sept à huit dans les années les plus froides: on tire le vin, on presse le marc et on mélange également le vin de presse qu'on en obtient et que l'on considère comme un complément nécessaire des bons vins. Ainsi, trois grands pays procèdent de la même façon. Comment donc se fait-il qu'il y ait tant d'incertitudes au dehors de ces vignobles renommés ? Les uns laissent le marc à la surface, les autres veulent plonger le marc sous le liquide au lieu de le laisser flotter, les autres veulent fouler tous les jours deux ou trois fois et même arroser avec le vin tiré au corps de la cuve ; le temps de cuvaison est aussi très variable, le Jura cuve deux mois, par exemple, et quelques pays de la Savoie un jour.

Vous ne verrez aucun des pays qui fournissent au monde entier des vins recherchés opérer ainsi. D'où vient donc l'erreur? On l'a dit dans ce département : le commerce des vins a pesé souvent sur la production, en ce qui concerne la couleur, l'âpreté et d'autres conditions. Les viticulteurs se sont laissés entraîner aux exigences du commerce.

On croit donc donner de la force au vin en prolongeant la fermentation. Voici cependant ce qui arrive : il est démontré aujourd'hui que plus le marc est en contact avec le vin, plus le vin est dépouillé de son alcool ; il est démontré que tout corps spongieux solide plongé dans un liquide alcoolique prend l'alcool au détriment du liquide. Vous le savez par une expérience vulgaire, vous savez que si vous mettez des cerises, des grains de raisins, de cassis dans l'alcool, après deux mois, l'alcool est si condensé dans le corps solide spongieux, que l'on a peine à le supporter dans la bouche ; le liquide, au contraire, n'est plus que de l'eau. Le même phénomène se produit dans le marc : plus le marc séjourne avec le vin, plus il condense l'alcool ; cela est si vrai que dans beaucoup de pays les brûleurs payent plus cher les marcs qui ont cuvé plus longtemps.

La régie a fait faire des études très importantes à cet égard. On a constaté entre les vins blancs venus du même raisin et du même lieu et les vins rouges un degré, un degré et demi et même deux degrés de spiritueux en moins dans les vins rouges que dans les vins blancs. Cette différence est toujours proportionnelle à la durée de la cuvaison; le contact prolongé du marc avec le vin enlève donc l'alcool, et par conséquent, la principale qualité du vin, sa vraie, sa seule force, mais surtout quand on a l'habitude de tirer *clair et froid*. Alors on n'ose plus remettre les *vins de presse* avec les *vins de goutte* et on a raison. Ce sont des jus de bois et non des jus de raisin; ce sont des jus qui contiennent une fausse couleur, des sels et du tannin en grande quantité. Mais on mêle hardiment et judicieusement dans les autres pays où l'on tire le vin trouble et chaud, parce que les jus de marcs contiennent ces principes en proportion suffisante mais modérée.

La seconde condition que l'on cherche à remplir et qu'on se flatte d'obtenir par une cuvaison prolongée, c'est la couleur; on croit généralement qu'on obtient ainsi plus de couleur. Rien n'est plus erroné: la vraie couleur, celle qui s'anime au fût ne provient que de l'élévation de la température; plus la fermentation est énergique, plus elle est chaude; plus la coloration est forte, brillante et durable, plus elle se fonce au tonneau. On a beau laisser macérer, on ne fera que laver le marc; la chaleur seule et non pas la durée, l'intensité de la fermentation et non la prolongation du séjour dans la cuve, fait fondre la couleur et l'extrait de la pellicule du raisin.

Dans les grandes années, quand la fermentation est rapide et brûlante, la couleur est superbe; dans les années froides, la couleur manque.

Mais citons des faits, en voici de positifs: Dernièrement, en étudiant une nouvelle fabrication de vin, un habitant de la Côte-d'Or, M. Pétiot, son nom est bien connu, a constaté qu'en remettant sur le même marc autant d'eau que de vin extrait, mais d'eau chargée de 10 à 12 % de sucre, on obtenait autant de tannin et de tartrate de potasse, de couleur et d'alcool que dans le premier vin tiré. Il fit part de son observation au Ministre de l'Agriculture, et l'on demandait si ce vin ne pouvait être assimilé; et même regardé comme supérieur au vin naturel. On obtenait les mêmes résultats et la même intensité de couleur par une deuxième, par une troisième et même par une quatrième fermentation. Heureusement pour les vignes, dont on aurait dû, alors, arracher les trois quarts, ce vin ne valait rien pour la santé. Mais ces expériences ont prouvé un fait scientifique, à savoir que par quatre fermentations rapides et chaudes, opérées successivement sur le même marc, on peut obtenir jusqu'à quatre couleurs de vin.

Ce qui prouve que c'est seulement la température et non l'alcool formé par le sucre qui détache la couleur, le voici : Prenez le marc pressé, dont vous venez d'obtenir le vin, remettez-le dans la cuve et ajoutez autant d'eau qu'il y avait de vin, ajoutez même 7 % d'alcool, si vous voulez le perdre, ou tout au moins le retrouver par la distillation, et laissez-le un mois dans cet état, vous n'aurez pas de couleur ; remettez encore une quantité d'eau égale, mais joignez-y 20 % de sucre, une fermeetation énergique se déclarera en 48 heures, vous aurez un vin plus coloré que le premier qui a été tiré. C'est donc la fermentation et la chaleur, et non le contact et la macération ni l'alcool, qui ont donné la couleur.

Ce n'est pas tout : quand on aura pris deux couleurs de vin, ajoutez 20 % de sucre, vous aurez encore une coloration égale.

M. Pétiot et M. Thénard ont fait quatre lessives de vin, à quarante huit heures de fermentation, et ont obtenu des vins très colorés à chaque fois. Vous savez que les jus de raisin sont incolores, à l'exception des jus du Romieu et du raisin appelé *teint*, naturellement colorés, et que tous donnent des vins blancs quand on les sépare de leurs pellicules avant toute fermentation.

Mais quand on laisse les pellicules en contact avec les mouts, plus la liqueur est sucrée, plus la couleur extraite est intense, parce que la fermentation est plus rapide et plus chaude : c'est ainsi que dans le Var on obtient plus de couleur en ajoutant 1/6e de raisin blanc appelé *clairet*, avec 5/6es de raisin rouge appelé Morvet, qu'avec les six-sixièmes de raisin rouge ; c'est ainsi qu'à Auch on augmente la couleur du cô rouge avec un cinquième de Jurançon, raisin blanc très sucré ; c'est ainsi qu'à Bergerac on ajoute toujours 1/5e ou 1/6e de *muscadet*, raisin blanc très généreux qui fait la base des excellents vins blancs de liqueur du pays, et le mélange donne une couleur beaucoup plus intense que si tout était du raisin rouge.

Pour en finir, je vous dirai : Prenez un kilogramme de marc bien pressé, mettez-le dans une casserole en versant un litre d'eau dessus, et faites chauffer sur un fourneau ; ayez un thermomètre dans la casserolle à + 35° un peu plus haut que la fermentation du marc, vous aurez une couleur de vin, à + 75° vous aurez deux couleurs et trois couleurs, c'est-à-dire qu'il faudra ajouter deux ou trois parties d'eau pour avoir la couleur du vin. Je m'étonne que les falsificateurs aillent chercher de la couleur dans les graines du troène et du sureau. Pour avoir toute la couleur du raisin, il suffirait de faire comme on fait dans le Lot et dans le Tarn, à Gaillac, il suffirait dis-je d'avoir des chaudières dans la vinée, d y réunir les pellicules séparées de la rafle, de faire bouillir avec un peu de mont et de jeter le tout sur la cuve ; on aurait toujours ainsi plus de couleur que le bon et vrai vin rouge ne doit en avoir.

Dans le Lot et à Gaillac on fait le vin de consommation qui est rouge, clair et très bon, par la simple fermentation, et on fait le vin noir du commerce détestable par le procédé que je viens d'indiquer.

Ainsi, Messieurs, il est certain que la couleur ne s'obtient que par l'élévation de la température a   fermentation. Aussi, tout ce qui devra diminuer la chaleur et la rapidité de la fermentation portera atteinte à la couleur.

Vous savez qu'il y a deux fermentations dans la cuve : l'une dans le marc flottant, qui est chaude et brûlante, les fouleurs de cuve le savent bien ; quand leur pied a percé le plancher du marc pour entrer dans le liquide, il est saisi par un froid vif ; on ne se risque à fouler, à fond et de tout le corps nu, que quand on a chauffé la partie inférieure, le liquide, en enfonçant le marc. C'est le degré de température du marc flottant qui donne la couleur.

Aussi la Bourgogne, le Beaujolais et le Médoc cuvent à marc flottant et se gardent bien de le renfoncer, car le froid du liquide abaisse sa chaleur et ralentit la fermentation.

Il est donc parfaitement certain que tout ce qui favorisera cette haute température doit être recherché. Je lisais dans l'excellent petit ouvrage du chanoine Colas cette observation : *Jamais tout ce qui se recueille avant dix heures du matin ne doit être mis dans la cuve immédiatement.* C'est là un conseil parfait

Cette pratique est observée en Bourgogne. Dans les centres des bons vins, tout ce qui se recueille le matin n'est jamais mis à la cuve qu'après avoir reçu la chaleur du soleil.

Maintenant vous pouvez juger ce que valent les foulages fréquents ; quand la fermentation marche avec énergie, on renfonce le marc dans le liquide, sous prétexte de rafraîchir, de peur que le chapeau s'aigrisse; cela est sans doute nécessaire quand le marc dépasse le bord supérieur de la cuve et s'élève ainsi dans l'air au lieu de rester couvert par sa couche d'acide carbonique.

Mais quand on a eu le soin de modérer l'emplissage de la cuve, de façon qu'après la montée du marc celui-ci reste toujours à 15 centimètres au-dessous du bord supérieur, le marc ne doit jamais être renfoncé.

L'acétification ne peut se former, et les insectes ne peuvent vivre dans l'acide carbonique. Mais si le marc domine la cuve, l'acide carbonique, plus lourd que l'air, tombe, et l'air est en contact avec le marc qui peut ainsi s'acétifier et se couvrir d'insectes.

Le troisième résultat cherché par la macération, c'est la conservation des vins ; c'est encore là une erreur.

Dans la Haute-Saône, la Haute-Marne et dans beaucoup d'autres pays, on fait avec le même raisin du vin blanc sans cuvaison, des vins gris ou rosés, après vingt-quatre à quarante-huit heures de cuvaison, et du vin rouge, après quinze jours ; dans ces différents pays, les vins blancs se conservent admirablement, les vins gris et rosés se conservent indéfiniment ; les vins rouges ne peuvent souvent pas passer le mois d'août sans tourner. Quand le vin est resté trop longtemps dans la cuve, à moins d'être fourni par un cépage très-solide, plus il reste longtemps avec le principe fermentescible, plus il est près de périr. Le vin est un liquide vivant qui a sa jeunesse, sa virilité, sa vieillesse et sa caducité. Il travaille toujours sur lui-même ; quand il a passé par toutes ses phases, dans la cuvaison, il est tout prêt à finir sa vie (1).

Maintenant, je termine ce qui concerne le vin par cette considération. En Médoc, dans la Côte-d'Or, dans le Beaujolais, on tient à tirer le vin *chaud et trouble* et à le mettre dans les bariques, *chaud et trouble*. Le vin qui est placé dans le tonneau se fait lui-même, dépose sa matière colorante, son tartre, sa lie, de façon à se former son propre lit, sa coque à lui ; il garde ainsi toutes les qualités qui lui appartiennent. S'il est clair et froid, il arrive dans un tonneau, dont il épouse tous les vices sans résistance, sans vitalité propre pour se défendre. Le tonneau s'imprègne des dépôts du vin chaud et trouble, comme la bouteille se double des dépôts du vin qui s'y perfectionne. Quand une bouteille présente une incrustation intérieure bien régulière et bien uniforme, on peut assurer que le vin qu'elle contient est bon.

Dans ces pays que j'ai nommés, on tient à ce que les tonneaux soient

---

(1) M. Driard, l'un des plus grands propriétaires de vignes dans le Gâtinais, a eu l'avantage de recevoir M. le docteur Guyot, lors de son excursion dans le Loiret, des conseils relativement à la cuvaison des vins qui, dans les habitudes du pays, était très-prolongée ; il les a immédiatement mis en pratique sur la seule cuvée qui lui restait à faire, et en un temps bien moindre il a obtenu le vin meilleur et de plus belle couleur, bien que son MAITRE DE CUVE lui ait prédit que par ce système sa cuvée serait perdue. *(Note du Président).*

revêtus du depôt même du vin ; aussi le tire-t-on toujours en vaisseaux neufs ; jamais le vin n'est si bon que quand il se fait lui-même sa muraille. A Clos-Vougeot, en Médoc, en Beaujolais, vous voyez constamment les tonneaux rangés dans toute l'étendue du cellier pour y achever leur fermentation ; ils y travaillent longtemps, et on ne les descend en cave que deux ou trois semaines après le tirage. Les moines du Clos-Vougeot ne descendaient jamais leur vin qu'à la Saint-Martin, jusquelà il restait dans une vaste salle qu'on voit encore aujourd'hui, disposée exprès sous les toits.

Je vous signale ici des faits simplement, sans avoir autre chose à vous dire que d'y réfléchir pour voir si vous pourriez en tirer partie Je vous engage dans tous les cas à ne procéder que par comparaison : ainsi, les personnes qui font plusieurs cuvées, peuvent les conduire de plusieurs manières, et c'est seulement après s'être assuré des résultats, qu'il faut changer ses habitudes.

Maintenant, Messieurs, sur la culture de la vigne je ne veux aussi que signaler des faits pour que vous les expérimentiez. Je vais reprendre une à une, dans leur ordre naturel, toutes les pratiques, afin de ne rien oublier : je tâcherai d'être bref pour ne pas abuser de votre attention et ne pas vous fatiguer de détails inutiles.

La préparation du sol se fait généralement très bien dans ce pays. La vigne n'a pas besoin d'être plantée très-profondément : elle sait très-bien disposer ses racines et les conduire où elles doivent pénétrer ; la terre peut être plantée sur une culture très-superficielle dans les terres légères et perméables qui sont en majorité chez vous.

J'arrive donc à la question du choix de la bouture qui doit être coupée avant les frimas d'hiver, dans le mois de novembre, pour conserver toute sa perfection : les départements les plus avancés sont d'accord avec vous pour ne planter que dans le courant de mai : jusqu'à cette époque de belle végétation, vous les enfouissez sous le sol ; la stratification avance la germination ; seulement quelques personnes laissent sortir de terre la tête du sarment ou bien elles l'enfouissent trop superficiellement, de sorte que sa végétation marche avant l'époque de la plantation, ce qui est déplorable.

Il faut que les boutures soient placées horizontalement au fond des fosses, de 30 à 40 centimètres de profondeur, comme dans des silos, et que la végétation ne se produise pas ; il faut qu'on les maintienne ainsi à l'humidité, mais sans qu'il puisse se produire racines ni bourgeons pour avoir un succès complet.

On choisit les boutures sur les meilleures souches qui donnent les plus abondants, les meilleurs fruits avec de beaux et bons grains, ne coulant pas : en agissant autrement on transmet les mauvaises qualités des souches par la bouture, et souvent on plante une vigne condamnée à l'avance à la stérilité, faute d'avoir fait avec soin la sélection dont je parle.

Ici, Messieurs, je dois placer une observation qui vous frappera et vous intéressera sans doute : dans ce pays, comme presque partout en France, on prend la partie *inférieure* du sarment, le talon pour bouture, c'est ce qu'on appelle la crossette, tandis que dans d'autres contrées il paraît constant que la partie la plus précoce, la moins fructifère en bois et en fruit, c'est la partie supérieure du sarment rogné et bien aoûté ; la moins précoce, la moins fructifère, c'est la partie *inférieure* de ce même sarment. Au printemps prochain, je vous engage à faire l'expérience que voici : prenez dix sarments de 80 centimètres à 1 mètre de long, coupez en trois parts, le bas avec vieux bois, le milieu et le sommet ; faites-en trois lignes en pépinières, vous aurez ainsi 15 à 20 centimètres de pousse avec le bas, suivant le terrain ; du reste, vous aurez le double avec le milieu et trois ou quatre fois plus avec le sommet : non-seulement vous aurez de plus belles pousses, mais les sommets sont plus hâtifs pour le fruit, les plus beaux raisins sont toujours dans les extrémités du sarment ; on a beau l'abaisser, le courber, ce sera toujours l'extrémité qui sera le plus fructifère. Je voulais vous signaler ce fait : lorsqu'on coupe le sarment on doit s'attacher surtout à l'extrémité supérieure, pourvu qu'elle soit assez forte et bien mûre. La théorie s'accorde d'ailleurs avec le fait et l'explique parfaitement. Pendant la végétation, la vigne produit des fécules et des substances amilacées qu'elle dépose dans chacun des yeux, de même que dans les graines de toutes les plantes pour en nourrir les germes. Les bourgeons ont besoin, comme les haricots et les autres graines, de nourriture pour constituer leurs premiers organes ; quand la sève monte au printemps, elle rencontre ces substances déposées par la vigne l'année précédente, et forme avec elles le premier lait pour former les bourgeons, jusqu'à ce qu'ils puissent vivre seuls ; si on analyse les nœuds, plus on les considère loin de la souche, plus on les trouve riches en substances assimilables. La vigne, en effet, est un arbrisseau grimpant, et si on l'abandonne à elle même, ce sont toujours les bourgeons supérieurs qui entrent en grande et précoce végétation, et non les nœuds inférieurs ; c'est pourquoi elle dépose de préférence ses approvisionnements nutritifs là où elle doit pousser ; c'est donc la moitié supérieure des sarments qu'il faudrait choisir pour bouture ; toutefois l'expérience doit en être faite, car ces résultats sont contestés.

C'est là ce qui fait que le rognage a une importance très grande. Le rognage fait pour la richesse du dépôt féculant ce que la taille fait à l'égard des raisins : si on ne taille pas un sarment, il n'en sortira que des petites grappes, parce qu'il n'y aura pas assez de nourriture pour former de gros raisins, de toutes les grappes qui seront restées. C'est donc la partie supérieure du sarment rogné en juillet, qu'il faut choisir pour avoir des boutures précoces et fertiles, et ce, en novembre, parce que les yeux ont alors toute leur perfection, n'ayant pas subi les *rigueurs* de l'hiver. On peut hardiment ne prendre que la *moitié supérieure* pour être soumise à la stratification.

Maintenant, quand la terre destinée à la vigne est préparée, comment faudra-t-il planter ? Voici encore un fait constaté. Ici, Messieurs, j'irai un peu contre vos idées, mais ce n'est, du reste, qu'un département, c'est de piquer en la courbant, l'extrémité inférieure de la bouture, dans une petite fosse plus ou moins profonde, de relever le plant verticalement, de remplir la fosse en laissant sortir deux yeux hors de terre. Il n'y a pas de comparaison entre la réussite de cette plantation et la plantation droite à la cheville : quand on courbe la bouture on fait une souche souterraine et non un arbre, tandis qu'en plantant droit on fait un arbre parfait. Voici ce qui arrive le plus souvent : plus la traînée de sarment est longue, plus tardivement la fructification se manifeste. Généralement les petites racines qui se forment sur le plant horizontal retardent la formation des racines fructifères. Voici un fait bien plus grave : la première récolte rénumératrice est d'autant plus éloignée que la plantation a été plus profonde.

Dans la Drôme, où l'on plante à 1 mètre, on a pour la première fois la récolte à huit ans ; dans le Jura on plante à 60 centimètres, la récolte à six ans ; dans la Champagne on plante à 50 et à 40 centimètres, la récolte se fait à quatre ou cinq ans ; dans l'Hérault on plante à 30 centimètres, et la troisième année donne déjà de belles récoltes ; dans le Beaujolais et l'Aude on plante à 15 et 20 centimètres, et dès la seconde année les vignes donnent de 15 à 20 hectolitres à l'hectare. Ce n'est pas d'ailleurs la différence des lieux ni des terrains, ni des cépages qui fait cela, car voici les propres paroles de M. le baron de Glavenas, vigneron émérite et riche propriétaire de vastes vignobles qu'il a fait planter lui-même : « Il y a vingt ans, nous plantions à 15 pouces et nous récoltions à cinq ans ; en plantant à 12 pouces nous avons récolté à quatre ans, et à 9 pouces à trois ans. Depuis dix ans nous plantons à six pouces et nous récoltons à deux ans, » et ce disant, M. de Glavenas me conduisait voir des vignes de deux ans qui offraient déjà 20 à 25 hectolitres de récolte à l'hectare.

Aussi, dans le Jura, aujourd'hui, tout tend vers la réforme des plantations : J'ai visité les vignes de M. Guichard (de Château-Châlons) ; cet excellent vigneron passait pour sorcier : depuis plus de vingt ans, les vignes qu'il plantait donnaient à la deuxième année. Il ne prend pas même la peine de planter, disaient les vignerons, et ses vignes produiseut trois ou quatre ans avant les nôtres. Je sus de M. Guichard que son secret était de planter seulement à 20 centimètres de profondeur.

Si on y réfléchit, on conçoit qu'il ne peut en être autrement. Mettez en terre un gland, une châtaigne, à 50 centimètres, est-ce que jamais ils pourront germer ? La nature ne permet pas que les racines se forment au-delà d'une certaine profondeur : la racine doit-être placée là où elle doit pouvoir s'enfoncer dans la sol elle-même, et non être descendue par la main de l'homme aux limites extrêmes de sa végétation. Le point de séparation de la tige à la racine, c'est la graine ; la racine ne doit commencer que là où la graine peut germer.

L'homme n'a pas le droit de descendre à 1 mètre des racines que la nature ne veut former qu'à 20 centimètres sous le sol. En arrachant les boutures reprises, plantées profondément et ayant déjà deux, trois ou quatre ans de végétation, on reconnaîtra que les maitresses-racines sont établies à 20 ou à 25 centimètres sous le sol. On ne verra au-dessous que des colliers décroissant formant queue de rat. Dans plusieurs vignobles nous avons arraché des ceps de boutures plantées à 60 et à 80 centimètres, tout ce qui excédait une certaine profondeur est demeuré sans extension et sans force.

Il faut donc cultiver tout le sol de la vigne à planter, tirer les lignes aux distances voulues et planter verticalement à la cheville ; l'opération doit se faire ainsi: on retire le sarment de sa stratification, on le coupe à quelques millimètres au-dessus d'un œil et avec une cheville en bois ou en fer barrée de façon à ne pouvoir pénétrer que de 20 centimètres, on fait un trou : si l'on croît utile ou nécessaire d'ajouter un amendement, la cheville doit avoir 3 à 4 centimétres de diamètre, sinon 2 centimètres suffisent ; on descend la bouture dans le trou jusqu'à ce que le troisième ou quatrième œil effleure le sol ; puis on tasse fortement la terre dans le trou et autour. C'est une condition de première nécessité pour que l'humidité se communique au sarment par un contact immédiat ; sans la densité du la terre, les premières pousses périraient promptèment. Les vers de terre qui ont besoin d'être entourés d'une humidité constante ne peuvent se tenir que dans les terres tassées et non pas dans les terres meubles. Il en est tout-à-fait de même des boutures. Prenez quelques boutures de même espèce, faites un rang cultivé sans tassement, et un autre bien foulé : je crois pouvoir vous dire que dans le rang tassé, la vigne s'élèvera à 50 centimètres, tandis que dans le rang non tassé elle atteindra à peine 10 centimétres. Nous l'avons vu cent fois.

Dans l'Ardèche, en parcourant ce pays, j'ai été surpris de voir des pousses qui n'avaient que deux feuilles la première année : en entrant dans ces vignes, la terre en était si légère, qu'on y pénétrait jusqu'à la cheville.

Il y a une autre cause de déperdition d'humidité et d'insuccès des boutures ; on a l'habitude de laisser hors terre deux, trois et jusqu'à quatre yeux : en donne ainsi une surface plus grande d'évaporation et de desséchement ; pourquoi tenter la nature et exposer ainsi la plante? Vous savez bien que vous n'admettez comme bonne installation de souche que le bourgeon le plus bas. On doit donc rabattre la bouture sur un seul œil, sur l'œil près du sol, puis on prend du terreau ou du sable, dont on couvre l'œil et le sommet de la tige sans les tasser ; la plante poussera ainsi comme une asperge, avec une vigueur bien plus grande, étant à l'abri du froid, du chaud et de l'évaporation. Ce genre de bouture est adopté depuis longtemps par beaucoup d'habiles viticulteurs. J'ai fait ainsi des centaines de mille de boutures avec un succès complet : M. le comte de la Loyère me montrait, cette année même, dont la sécheresse a été fatale à bien des plantations, deux hectares de vigne plantés sur ces préceptes, dont pas une seule bouture n'a manqué sur 20 mille. Le sol y était pourtant d'un calcaire brûlant et très-léger.

Lorsqu'on a réuni toutes ces conditions pour réussir la bouture, les pousses acquièrent une vigueur assez grande pour qu'on puisse tailler sur un ou deux yeux et obtenir déjà de la récolte la deuxième année.

Dans le Beaujolais et dans l'Aude, il y a des vignes qui donnent de suite des raisins, mais il est vrai cependant de dire, que ce sont des vignes en cépages très précoces comme le petit gamy et l'aramon.

La coutume la plus générale que j'ai remarquée dans le Loiret, consiste à laisser un an la plante sans tailler. Quelques-uns la laissent même deux ans et quelques fois trois. Quand il taille, l'intention du vigneron du Loiret est de former une tête de vigne comme une tête d'osier, d'où partiront les différentes branches à bois ou à fruit des années suivantes : aussi, après avoir rabattu la souche, taille-t-il à un œil la plupart des sarments qui sortent de la tête, jusqu'à ce que cette tête, à quatre ou cinq ans, forme un champion aplàti et plus ou moins anguleux.

J'ai vu cette pratique suivie dans plusieurs départements; dans l'Aube, dans les Charentes et dans toute la Suisse ou du moins dans une grande partie.

Il y a d'autres pays où, dès la première année, au plus tard à la seconde, le vigneron se fait un devoir de laisser les pousses avec une certaine longueur. Si, à la troisième année, il se présente trois sarments, il y aura trois brins à conduire ; si, l'année subséquente, il s'en présente quatre ou cinq bien placés, on forme quatre anciens bras sur la souche principale, sortant directement de la souche sans tête, sans loupe, en un mot, sans difformité.

Ici, on laisse les rameaux se développer naturellement comme on laisse les 4 à 5 branches principales d'un cerisier ou d'un prunier sans aucun embarras ni obstacle à la circulation de la sève ; dans le Loiret, au contraire (excepté pour le gascon), l'intention formelle du vigneron est d'arrêter la sève et de lui créer mille issues sur la tête, de façon que, chaque année, il puisse sortir de cette tête des sarments nouveaux, pour pouvoir supprimer ceux qui se sont trop allongés par les viettes ou longs bois à fruits.

M. le docteur Guyot accompagne sa théorie de démonstrations *en fait* et la sténographie ne peut plus suivre exactement ses paroles. Voici cependant les notes prises :

Il y a une intention bien intelligible et très intelligente d'avoir avec la forme d'une tête d'osier, tous les avantages de cette tête, c'est-à-dire, une repousse abondante toutes les fois qu'on la taille même à ras et de maintenir ainsi le point de départ de toutes les œuvres vives de la vigne à un même point.

Si je compare la taille des autres pays, du Beaujolais, de l'Hérault et du Lot, par exemple: dans ces pays là, il se trouve que les vignes sont plus précoces, plus fructifères et plus faciles dans leur conduite que dans ceux où l'on constitue la tête d'osier : cette tête a appelé mon attention bien souvent. Il s'agit de savoir si l'on a plus et plus tôt de la production ; toute la question consiste en ceci : mettre à profit les forces vives, c'est-à-dire les sarments formés chaque année par les racines et en rapport proportionné et direct avec elles, aussitôt qu'elles se présentent, ou bien retarder leur essor en les sacrifiant pendant 5 à 6 ans à la formation d'une loupe ou bourse à sarments, d'où sortiront ensuite les pousses, les taquets, demi-viettes et viettes ; pousses, taquets, demi viettes et viettes, qu'on peut former dès la troisième année directement, sans tête, et en obtenir aussitôt du fruit.

Eh bien, les comparaisons que j'ai pu faire de ces deux méthodes donnent, à mon sens, une supériorité incontestable à la taille directe et immédiate à un courson à deux yeux : pour faire les deux bois de taille de l'année suivante et d'une branche à fruit ou viette qui doit tomber après avoir donné son fruit, chaque année, on peut former sur une souche deux coursons ou pousses, et deux viettes ou branches à fruit, en attachant toujours les viettes d'un échalas à l'autre en palissades le long de la sente, et jamais sur la pouée, ce qui empêche l'air et la lumière de circuler et rend les cultures très difficiles.

Après cela, que les viettes soient horizontales, piquées en terre, arquées en cercle ou en lunette, cela a très peu d'importance, l'essentiel, c'est qu'on ait soin de pincer ou de rogner les bourgeons de la viette et de ne pas pincer ceux des pousses ou coursons, mais de les rogner le 10 juillet, au-dessus de l'échalas ou charnier auxquels ils doivent être accolés.

La coutume, qui fait qu'on prolonge viette sur viette à 5 à 6 échalas n'a pas sa raison d'être : en tout pays, où l'on emploie les *longs bois*, on rabat constamment le long bois pour le reprendre sur le courson. En Lorraine, par exemple, dans toutes les vignes en Pineaux, la culture est partout constamment celle-ci : un courson de retour et une couronne à chaque cep et tous les ans, la couronne est jetée bas. Un seul echalas, suffit et jamais le cep ne monte ni ne s'étend ; on reprend la couronne sur le plus haut sarment du courson et le courson sur le plus bas. Sous cette taille, j'ai vu des vignes chargées, en Lorraine, de 60 à 80 hectolitres par hectare.

La Lorraine a su porter ses produits à la plus haute moyenne des vignobles de France, cette moyenne récolte est de 60 hectolitres par hectare ; l'Hérault, qui pourtant produit tant, n'a qu'une moyenne de 45 hectolitres. Pourquoi ? C'est que sur le bord des rivières et dans les plaines, il donnera 200, 300 et même jusqu'à 400 hectolitres, très exceptionnellement, mais dans les garrigues, dans les coteaux il ne donne que 25 hectolitres par hectare au plus en moyenne.

Dans la Lorraine, on a su distinguer, comme dans le département du Loiret, les cépages qui ne supportent pas la taille à longs bois. Le Gamay, par exemple. et ceux qui exigent la taille à longs bois, les Pineaux : vous avez fort bien reconnu que le Meunier devait aussi être traité à longs bois. Mais je crois que c'est à tort que le Gascon, qui est la mondeuse de la Savoie, a été classé parmi les cépages à bois court ; il supporte aussi parfaitement les viettes.

En Lorraine, les Meuniers qui s'appellent la fernèse, farnaise ou farineuse, sont tous aussi traités à longs bois ; vous n'en verriez pas un, pas plus qu'un Pineau, qui soit taillé autrement qu'à un courson et à une couronne de 9 à 13 yeux. (Voir dans mon rapport du nord-est de la Meurthe, Thiaucourt.)

Maintenant, ajoutons une chose qui sera utile, je l'espère : dans la Lorraine, de temps immémorial, on emploie le *pincement* avec un talent extraordinaire.

Nous voulons, disent les vignerons, le fruit sur nos couronnes et de beaux sarments sur nos coursons pour la taille suivante, par conséquent, en pratiquant l'ébourgeonnement au mois de mai, nous allons pincer tous les sarments des bourgeons de notre couronne à deux feuilles au-dessus de la plus haute grappe, nous allons ainsi fixer le fruit et empêcher le bois de s'étendre là où nous n'en voulons pas, mais nous ne pincerons pas les bourgeons de nos coursons parce que c'est là où nous voulons nos sarments pour l'année prochaine. Et ils réussissent en pratiquant exactement ce qu'ils disent ; mais je voudrais insister un peu sur le *pincement*.

La taille de tous les Gamays de Lorraine, et le Gamay constitue presque toutes les vignes de ce pays, se réduit à deux coursons, l'un inférieur à trois yeux, l'autre supérieur à trois ou quatre yeux, plus souvent à quatre qu'à trois.

Quiconque ferait cette taille dans les autres vignobles serait blâmé à juste titre, parce que les bourgeons du haut, poussant le plus fort, il faudrait monter chaque année la souche qui dépasserait bientôt l'échalas.

Mais les vignerons lorrains connaissent bien cet inconvénient et ne s'y exposent point : ils pincent les deux bourgeons supérieurs là où il y en a trois et les trois supérieurs là où il y en a quatre. Ils laissent ainsi un tire-sève ou long bourgeon à chaque courson et ce tire-sève est le bourgeon le plus bas. Non-seulement ils ne pincent pas ces deux bourgeons inférieurs, mais encore ils les accolent deux fois le long de l'échalas, et, en outre, ils jettent deux fois toutes les repousses des bourgeons pincés, de façon que les fruits et les bois utiles emploient toute la sève à leur profit ; aussi voit-on à chaque cep une belle colonne de verdure et de chaque côté sont deux ailes de papillon couvertes de magnifiques raisins.

C'est comme cela qu'ils sont arrivés à produire une moyenne récolte de 60 hectolitres par hectare.

Vous pourriez ajouter un œil ou deux de plus à vos pousses, et en pinçant les bourgeons supérieurs, vous auriez des raisins d'une façon certaine, car le pincement diminue de moitié les chances de coulure, et vos vignes ne seraient pas fatiguées ; vous auriez aussi des résultats bien plus avantageux si vous pinciez tous les bourgeons de vos viettes, surtout ceux des extrêmités.

Ainsi, en Lorraine, on pince et on pratique avec un soin extrême l'ébourgeonnement que vous ne faites pas: vous dites que c'est une économie de temps ; au contraire, c'est une dépense, et c'est la perte de la vigne.

Quand on ébourgeonne avec soin, au lieu d'économiser six journées de femme par hectare, en ne le faisant pas, on économise huit journées d'hommes pour le printemps suivant. Rien n'est plus difficile et plus long à tailler qu'une vigne non ébourgeonnée, vous le savez bien. Les gourmands laissés, ont ôté la nourriture des bois utiles, ils ont fait couler le raisin, ils ont amoindri la vigne, ils ont préparé des chicots qui traversent le cours de la sève et laissent des ulcères sur la souche. La sève ne peut monter ; on sera obligé de laisser passer un temps considérable au printemps suivant pour démêler les mauvais des bons sarments ; bref, sans l'ébourgeonnement, la vigne est à moitié perdu et le vigneron à moitié ruiné.

L'ébourgeonnage doit se faire avant le 20 mai ; le principe est avant que le ligneux se soit formé ; il ne faut pas attendre qu'on en puisse faire une nourriture, il faut que le bourgeon tombe sous la main très facilement, qu'il n'ait pas de fibres ligneuses.

L'ébourgeonnement fait, au même moment les vignerons jettent un second coup d'œil et font le pincement ; ce sera deux journées de plus pour ajouter le pincement à l'ébourgeonnement. On estime à 20 hectolitres, en sus, la récolte qu'assure le pincement.

M. Portal de Moux a eu la patience de pincer pendant dix ans une ligne sur deux. Il a constaté qu'il avait récolté 3,780 hectolitres en dix ans, sur 120 hectares, là où il pinçait, en sus des parties égales de vignes non pincées, et en argent 83,000 fr : c'est-à-dire 83,000 fr. par an, récoltés de plus dans les lignes pincées.

Eh bien, aujourd'hui, la Charente à l'ouest, au midi la Provence, les Alpes maritimes pratiquent le pincement, l'ébourgeonnage et le rognage. On disait : mais si nous ébourgeonnons, si nous pinçons, si nous rognons, le soleil nous brûlera tout ; c'était là une grande erreur fondée sur des apparences trompeuses : ce qui brûle, c'est la feuille et non le soleil. La feuille reste verte parce qu'elle tire de l'eau par le canal du sarment : des expériences ont établi que l'évaporation par décimètre carré étant de dix grammes d'eau environ dans les jours les plus chauds de juillet et d'août : de là, une évaporation continuelle, les feuilles du haut prennent l'eau des feuilles du bas ; elles empruntent l'eau des raisins ; quand on taille et qu'on rogne, il n'y a presque plus de brûlé.

M. Trouillet est inventeur et infatigable prapagateur d'une méthode dont je ne suis pas partisan, son habitude est de pincer tout ; il pince tout, il ne laisse point de tire-sève ; eh bien, à côté de vignes non pincées perdues de brûlis, il n'y a pas de brûlé dans les vignes toutes pincées et il n'y a presque pas de feuilles. Les jardiniers savent bien que pour les pêchers en espalier, si on n'a pas coupé les jeunes pousses du haut en juillet, les feuilles et les pêches du bas jaunissent et tombent, parce que les feuilles du haut leur enlèvent leur humidité.

Le rognage, c'est une opération plus importante, peut-être encore, que l'ébourgeonnage et le pincement. Le rognage doit-être pratiqué aussitôt que le grain est formé, au commencement de juillet ; il donne une tension à la sève, tension dont le raisin formé profite pour grossir ; la matière nutritive, les substances amilacées qui vont se produire, se déposent plus abondamment dans chaque nœud. Les contre-bourgeons sortent et ne sont pas un sujet de fatigue comme on le croit ; c'est au contraire la preuve que de nouveaux vaisseaux de sève se sont formés et ont fortifié le sarment en le grossissant. Maintenant remarquez que dans les aisselles des contre-bourgeons, il y a des yeux énormes, ces yeux contiennent sûrement des raisins. Si donc, on ajoute 3 ou 4 journées de plus, consacrées au rognage, on pourra avoir double récolte, grâce à la vigueur des vignes de ce pays-ci. Il y a donc autant d'intérêt à bien tailler la vigne en vert ou d'été qu'à bien pratiquer la taille à sec ou d'hiver.

Je ne veux pas, Messieurs, terminer sans vous parler de trois ou quatre faits qui sont d'une très grande importance ; d'abord d'un moyen d'éviter la gelée. C'est le *sarment de précaution*.

Sur les bords de la rivière de l'Hérault, on laisse à chaque souche ce qu'on appelle un sarment de précaution. Sur ces bords, la vigne gèle une année sur trois et quelquefois deux années : voilà pourquoi, depuis longtemps, les vignerons ont cherché à se préserver de la gelée. Dans tout le Languedoc, mais mieux encore dans l'Hérault qu'ailleurs, la souche est dressée à cinq bras, en gobelet à la même hauteur sur une tige de 4 centimètres environ ; c'est à ce système de taille qu'on laisse, en outre et en dehors de la taille ordinaire, un sarment traînant à terre. La végétation se fait sur les cinq coursons à deux yeux qui surmontent les cinq bras. Elle se fait aussi dans ce petit sarment couché ; la sève s'y porte avec moins de force, et le tiers des yeux suffit à prendre toute la sève ; les autres yeux, faute de sève, ne sortent point ; s'il gèle, huit jours après les autres yeux, trouvant la sève libre par la mort des premiers sortis, se sont déjà montrés avec vigueur et avec autant de raisins qu'il y en avait auparavant. A une deuxième gelée, il peut même se faire encore une troisième édition de bourgeons fructifères comme les premiers.

Si le sarment a été bien choisi, il m'a été affirmé sur la place qu'on récoltait souvent 100 à 150 hectolitres sur ce sarment de précaution. A l'époque ou il ne gèle plus, on le coupe ; s'il a gelé, on tourne le sarment de précaution en cercle et on l'attache sur la souche. J'ai fait connaître ce fait, il y a trois ans, je n'y avais pas d'abord grande confiance ; je l'ai fait connaître dans plusieurs départemer ts : on a essayé, et on a obtenu de bons résultats qui m'ont surpris moi-même. A Roanne, deux hectares ont été munis en 1862 du sarment de précaution. Après une gelée qui avait tout pris, nous avons vu des raisins magnifiques sur tous les sarments de précaution ; la quantité en a été estimée à 55 hectolitres, par les membres de la Société d'agriculture de Roanne avec lesquels je visitais les vignes de M. Pellion ; dans dix hectares à côté, on n'aurait pas ramassé 50 hectolitres en tout, et dans les deux hectares il n'y avait pas de raisins sur les tailles, tout était sur les sarments de précaution.

Dans l'Aunis, on pratique généralement, aujourd'hui, cette méthode avec succès. Je vous engage fortement, Messieurs, à faire vous-mêmes cette expérience.

J'ai retrouvé ce fait sous une autre forme, dans les Ardennes, l'année dernière, vers la vendange. A Vouziers, toutes les vignes sont cultivées à petit bois court contre terre et donnent 10 à 12 hectolitres à l'hectare environ. Sur cette donnée, j'avais préjugé que la culture des Ardennes était pauvre à cause du climat ; c'est la limite nord, passée laquelle la vigne cesse de prospérer.

Dans l'arrondissement de Rhétel, il n'y a que trois cantons, où la vigne peut être cultivée. Je fus surpris de trouver à la végétation des ceps une très graande vigueur en bois et surtout en fruit, le rendement étant de 80 hectolitres à l'hectare. Aussi, les vignerons me disaient-ils, la gelée ne nous fait ni peur ni mal : à la première gelée, personne de nous ne se dérange parce que huit jours après il y a autant de raisins qu'auparavant ; à la *regelée* on va voir, mais à la troisième gelée nous sommes pris ; toutefois il est bien rare que nous soyons frappés de trois gelées. Voici ce qui fait la sécurité des vignerons.

Tous les vignerons de l'arrondissement de Réthel dressent leur souche à hauteur du genou et cette souche est surmontée d'une taille, c'est-à-dire d'un sarment à hauteur du sommet de la tête ; environ de 1 mètre 40 de longueur. Cette longue taille est courbée et repliée en raquette, en bas du cep où elle est attachée à 20 centimètres du sol.

Il se passe à l'égard de ce très grand sarment replié et abaissé, exactement ce que nous avons dit relativement au sarment de précaution : c'est-à-dire que la sève, trop peu abondante et ralentie par la torsion et l'abaissement du canal, ne peut alimenter que le tiers des yeux : ce tiers, disparu par la gelée, un autre tiers lui succède, enfin, le troisième tiers se montre après une seconde gelée ; mais après la troisième gelée il n'y a plus rien.

Voici un autre fait, un moyen de provinage qui est excessivement avantageux en ce qu'il donne beaucoup de raisins et qu'il donne du plant superbe. Ce mode de provinage s'appelle *Versadi*, parce que le sarment y est planté la tête en bas. Il est pratiqué dans la Charente-Inférieure et dans plusieurs autres départements : je l'ai retrouvé dans l'Allier sur une très grande échelle et donnant des résultats des plus avantageux en plants et en raisins.

Autrefois, on enfouissait un sarment tenant à une souche et on en relevait l'extrémité hors de terre. On pratique encore ce moyen de faire du plant ou de remplacer sous le nom de sauterelle ou de marcotte : tous les bons vignerons ont renoncé à cette pratique parce qu'elle ruine la souche mère, et souvent la fait mourir, parce que toute la sève en est tirée pour le nouveau plant.

Au lieu de procéder ainsi, on taille à quelques milimètres au-dessus du dernier œil, un long sarment tenant aussi à une souche, on le courbe et on en descend l'extrémité, dans un trou fait à la cheville, jusqu'à ce que le troisième œil soit sur le sol ; on tasse la terre comme si on plantait une bouture, le sarment a donc la tête en bas, la partie plongée ne peut pas tirer la sève de la mère souche, car ici le cercle est fermé : la sève reste dans la souche et lorsque le sarment prend racine, il apporte encore de nouveaux sucs à cette souche, le brin est garni de fruits comme les autres. Si on veut garder le raisin, on doit pincer avec soin tous les bourgeons, sauf les deux plus près de l'extrémité, devant former le plant. Ceux-là, on les laisse grandir et on les soutient avec un charnier.

Dès le mois de novembre de la même année, on peut couper le plant à deux yeux, l'arracher avec précaution, le planter immédiatement en place, et dès l'été suivant il pourra donner des raisins ; ce sont les plants les plus fertiles et les plus précoces que l'on puisse avoir.

Un autre procédé que j'ai vu dans les Vosges en grand succès, paraît devoir être plus avantageux encore pour avoir de beaux plants nombreux et fertiles dès l'année suivante, tout en augmentant la récolte et la force de la vigne.

Au mois de mars, au moment de la taille, on choisit sur une souche, un long sarment, hors de la taille, on l'abaisse et on le tend, horizontalement ou plutôt parralèllement au sol, à 3 centimètres de terre en attachant son extrémité à une cheville.

On le laisse ainsi jusqu'à ce que ses yeux soient poussés à 15 centimètres ou à 20 centimètres de hauteur : alors, avec un petit instrument, on creuse un petit sillon de 4 à 5 centimètres de profondeur, tout le long du sarment, on ôte les bourgeons qui sont trop près les uns des autres et on garde le surplus avec grand soin : on descend le sarment dans toute sa longueur au fond du petit sillon qu'on remplit de terre en la pressant un peu sur le sarment qu'on ne voit plus et autour des bourgeons qui sortent.

Au bout de peu de temps, ces bourgeons prennent une croissance rapide et développent admirablement les raisins qu'ils portaient, les mûrissent, et quand, au mois de novembre, on déterre le sarment en ouvrant de chaque côté une jauge profonde, on reconnaît que chaque nœud est devenu un beau cep avec un gros et grand sarment et des racines en proportion, groupées au-dessous ; chaque nœud détaché par deux coups de sécateur fournit un cep, qui, planté de suite et avec soin, donne des fruits l'année suivante

Telles sont, Messieurs, les pratiques déjà éprouvées que je voulais vous faire connaître en terminant, afin que vous puissiez les expérimenter.

J'aurais voulu aussi vous engager à essayer la conduite de la vigne appliquée dans le Médoc. — Deux petits bras près de terre portant deux coursons à deux yeux et deux astes ou viettes ou longs bois, en éventail à droite et à gauche. Mais en voilà assez pour une séance déjà trop longue et trop chargée. Une autre année, quand je viendrai vous revoir, j'aurai peut-être d'autres et de meilleures choses à vous dire ; en attendant, je vous remercie sincèrement des excellents renseignements que vous m'avez donnés et que j'ai reçus dans tout le département du Loiret.

Tous les viticulteurs ont suivi jusqu'à la fin de la conférence, les explications de M. le docteur Guyot, avec le plus grand intérêt, et ses dernières paroles ont été couvertes d'unanimes applaudissements.

TABLE DES MATIÈRES

Traitées dans cette Conférence.

Orléans. — Imp. GEORGES MICHAU et Cⁱᵉ.

IMPRIMEURS A ORLÉANS

www.ingramcontent.com/pod-product-compliance
Ingram Content Group UK Ltd.
Pitfield, Milton Keynes, MK11 3LW, UK
UKHW022221070726
13613UKWH00004B/1807